生物多様性(せいぶつたようせい)

ハルト

アースくん

リン

生物多様性って何?

生物多様性の問題ってなんだろう? ……………………………… 2
いろいろなところに、生きものがいるのはなぜ? ……………… 4
人間と自然はどのようにつながっているの? …………………… 6
生きものの数がかわると、どういうことが起こるの? ………… 8
海の生きものはどんなふうにつながっているの? ……………… 10

いまどうなっているの?

どうして、こんなにたくさんの種類の生きものがいるの? …… 12
同じ場所で、生きものがくらしているのはどうして? ………… 14
農業は、生きもののくらしにどんな影響をあたえているの? … 16
漁業は、生きもののくらしにどんな影響をあたえているの? … 18
干潟がなくなると、どんな問題が起こるの? …………………… 20
人間が、生きものを持ちこむとどうなるの? …………………… 22
人間は、生きものを絶滅させているの? ………………………… 24
人間がつくった自然環境「里地里山」って何? ………………… 26
自然からのめぐみで、つくられているものは? ………………… 28

これからどうすればいいの?

生きものがくらす環境をどのように守っているの? …………… 30
自然からのめぐみを、これからも受けるには? ………………… 32
生物多様性を守るためにできることはあるの? ………………… 34
ふだんの買いもので、できることはあるの? …………………… 36

さくいん ……… 38   おわりに ……… 39

生物多様性って何？①

生物多様性の問題ってなんだろう

地球にたくさんの生きものがいて、それぞれのはたらきが、たがいのくらしをささえあっていることを、生物多様性というよ。いま、人間の活動によって、地球の生物多様性がうしなわれつつあるんだ。

それぞれの生きものの種類の多さ

動物、魚、昆虫、植物の種類の多さを、それぞれの体の大きさであらわした図。昆虫は一番種類が多く、90～100万種いるといわれている。

魚類／両生類／は虫類／ほ乳類／鳥類／昆虫

生物多様性の「多様性」って、どういうことなの?

 多様性という言葉の意味は、たくさんの種類や、さまざまな特ちょうがあるということだよ。生物多様性は、生きものの種類の数だけでなく、生きものたちのようすやかかわりあいもいろいろあるということなんだ。生きものたちは、めぐみをあたえたり、もらったりしながら、みんなくらしている。本来の自然は、生物多様性によって、とてもうまくバランスがとれているんだよ。

 じゃあ、生物多様性が人間のせいでうしなわれているって、どういうことなの?

 地球温暖化や大気汚染、埋め立てや開発など、人間はさまざまな形で自然を破壊している。また、その地域にいなかった生きものを持ちこむこともある。すると、それまで自然のなかでたもたれていたバランスがくずれ、生きものの種類がへったり、生きものどうしのつながりがうしなわれたりしてしまうんだ。どのような例があるのか、これから見ていこう。

見つかっていない生きものもいる!

地球には、約500〜3000万種もの生きものがいるという説がある。そのうち見つかっている生きものは175万種ほどで、いまでも、つぎつぎと新しい生きものが見つかっている。

植物

3

生物多様性って何？②

いろいろなところに、生きものがいるのはなぜ？

生きものがたくさんくらしている場所はどこなの？

生きものの数は、赤道に近くてあたたかい地域ほど多くなるよ。ぎゃくに赤道から遠くて寒い地域は生きものの数が少なく、生物多様性も低くなるんだ。とくに南アメリカのアマゾンやインドネシアの熱帯雨林には、たくさんの生きものがくらしている。地球上の生きものの半分近くが、陸地の面積の3％にすぎない熱帯雨林に集中しているといわれているんだよ。

東南アジアのボルネオ島にある熱帯雨林。地面でも木の上でも、たくさんの生きものがくらしている。

生きものが多い場所と少ない場所があるんだね。場所によって生きものの種類もちがうのかな？

たとえば、日本でも、サンゴ礁やマングローブ林がある沖縄県と、気温が低く、冬に雪がふる北海道とでは、すんでいる生きものの種類がちがう。環境によって、生きものの種類がかわり、すんでいる生きものどうしのかかわりあいもかわるので、その地域ごとの生態系（🔑）が生まれるんだ。深海、高山、砂漠、北極など、きびしい環境の場所でも、その場所に適応した生きものたちがくらしているんだよ。

サンゴ礁
サンゴが生態系をささえ、生物多様性がとくに高い。

北極
寒さに強い生きものがくらす。

深海
高い水圧や暗やみに適応している。

砂漠
乾燥や高温に適応している。

キーワード 🔑 生態系

自然環境と、その環境でくらす生きものたちによってつくられているまとまりのこと。それぞれがかかわりあっている。海や川、池、森林や陸地など、生態系の大きさはさまざまである。

生物多様性って何？③

人間と自然はどのように つながっているの？

人間と自然のつながりって、ふだんのくらしのなかでは、よくわからないんだけど。

この本のはじめに、人間の活動によって生物多様性がうしなわれているっていったけれど、人間も生きものの一種で、生物多様性のひとつなんだよ。食べものでいえば、田んぼや畑で作物を育てているし、山でキノコをとる。川や海で魚などをとり、家畜を育てて、肉や卵などを手に入れている。すべての食べものは、自然を利用してつくられているよね。人間は自然のめぐみをもらって生きているんだ。

水あげされた魚介類。

ウシの放牧。

わたしたち人間は、自然のなかでどういう位置にいるの？

人間は生きものの一種として、生態系のなかに入っているよ。食べものだけでなく、水や空気も自然からもらっている。ふだんのくらしで使っているものも、もとはといえば自然の資源を利用してつくられたものだ。生態系のなかで、光合成によって栄養分をつくることができる植物は「生産者」といわれるんだ。その植物などを食べている動物などは「消費者」といわれ、生きものの死がいを分解する微生物などは「分解者」というよ。人間は「消費者」だよ。

● 人間をとりまく生態系のイメージ

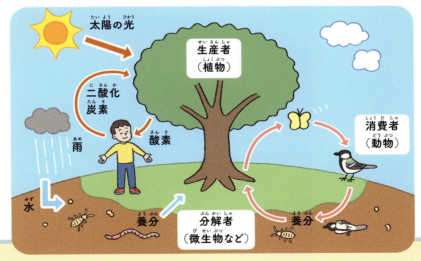

分解者のはたらき

植物や動物が死ぬと、死がいは微生物などによって分解され、栄養分にかえられる。植物は、この栄養分を土から吸いあげて育つ。菌類のキノコも分解者。

生物多様性って何？④
生きものの数がかわると、どういうことが起こるの？

自然の世界って、生きものたちの数もうまくバランスがとれているの？

ひとつの生態系のなかで、すみかの多さや食べものの量に合った、ちょうどよい数の生きものがいるとき、その生態系は安定するよ。このちょうどよい数をたもつのが、食物連鎖、つまり「食べる・食べられる」の関係なんだ。たとえば日本の森では、オオタカがふえると、えものになるハトなどがへるため、オオタカはへりはじめる。ぎゃくに、ハトがふえると、オオタカもふえる。すると、またハトはたくさん食べられて、数がへっていく。このようにして、生きものの数はバランスをとれるんだよ。

食物連鎖の上の段階にいくほど生きものの数が少なくなり、ピラミッドの形になる。この生きものの数と上下の関係をあらわした図は「生態系ピラミッド」とよばれる。

ひとつの段階の大きさ（生きものの数）が変化すると、ほかの段階の大きさもかわる。小さな変化であれば、やがてもとの大きさにもどる。

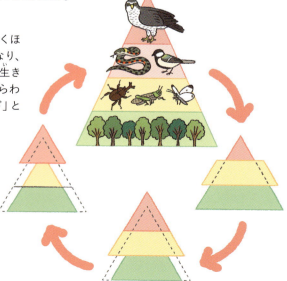

☞p.15

ふえたほうがいい生きものや、へってもいい生きものはいるの？

いないよ。食物連鎖の下から上まで、すべての生きものが複雑にかかわりあって、ひとつの生態系をつくっている。だから、どれか一種でも生きものの数がかわると、生態系のバランスはくずれてしまうよ。バランスをとりもどすように、またかわっていくんだけれど、へってもいいというわけではないんだ。

もっと知りたい！ 生態系をささえるキーストーン種

ほかの多くの生きものとのかかわりが大きくて、いなくなると大きな影響をあたえる生きものをキーストーン種という。たとえば、北アメリカの沿岸部にすむラッコだ。ラッコの数がへると、ラッコが食べていたウニがふえ、ウニに食べられてケルプという海藻がへる。すると、ケルプをすみかや食べものにしていたさまざまな生きものがいなくなる。キーストーン種は、食物連鎖の上の段階にいることが多い。

ラッコ
いなくなる。

ウニ
数がふえ、ケルプを食べる。

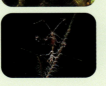

さまざまな生きもの
ケルプというすみかや食べものをうしない、数がへる。

ケルプ
ウニに食べられて数がへる。

9

生物多様性って何？⑤
海の生きものはどんなふうにつながっているの？

小さな魚は何を食べているのかな。海のなかの生きものたちは、どんな「食べる・食べられる」の関係でくらしているの？

海のなかにも、食物連鎖があるんだよ。海で、陸地の植物の役割をしているのは、植物プランクトンだ。人間の目では見えないほど小さな生きものだよ。植物プランクトンを動物プランクトンという生きものが食べ、これをイワシなどの小魚が食べる。この小魚は体の大きな魚に食べられて、最後には、マグロや、シャチ、海鳥などの大きな肉食動物が食べることで、海のなかの食物連鎖ができあがっているんだ。

● **海の食物連鎖の例**

植物プランクトン　動物プランクトン　小魚　大きな魚、肉食動物

ウニに食べられている浅瀬のコンブ。浅い海では、コンブなどの海藻や、アマモなどの海草も食物連鎖をささえている。

p.15

陸地にある森林も、海でくらす生きものの役に立っているって聞いたよ。

そうなんだ。宮城県や広島県などでは、養殖されているカキがおいしく育つように、漁師の人たちが山に木を植えて、森林を育てているよ。海と陸の生態系は、森林と水を通してつながっているからなんだ。森林にふった雨は、土のなかにたくわえられ、栄養分がふくまれた水になり、その水が川から海へと流れこむ。この栄養分のおかげで、河口や浅瀬にいる生きものたちは、よく育つようになるんだ。

漁師の手による植林のようす。

養殖されているカキ。

いまどうなっているの？①

どうして、こんなにたくさんの種類の生きものがいるの？

カブトムシだけで世界中に1000種類以上いるんだって！　どうしてこんなに種類が多くなるの？

同じ生きものでも、寒さに強かったり、暑さに強かったりなど、それぞれことなる特ちょうがある。すると、より環境に適応した特ちょうをもつものが生きのこり、体の形などがかわっていくんだ。これを「進化」というよ。環境がかわれば、生きものたちも環境に適応した形に進化する。そのくりかえしによって、生きものの種類はふえているんだ。

①地上で種子を食べる。

②サボテンの花から種をほり出して食べる。

③小さい昆虫をさがして食べる。

④大きな昆虫を食べる。

⑤小枝を道具のように使う。

ガラパゴス諸島などにすむダーウィンフィンチという鳥。もともと1種類だったが、島ごとに食べものがことなるため、進化により、いろいろな体の特ちょうをもつようになった。

調べてみよう！　ダーウィンフィンチ　進化論

同じ種でもちがいがある

生きものは、ある日とつぜん、別の種に進化するわけではない。環境に合わせて、少しずつ特ちょうが変化し、同じ種とはいえなくなったものを、人間が別の種であると決めている。そのため、同じ種であっても、すんでいる地域によって、形や特ちょうがちがう生きものもいる。

本州のカブトムシ（左）にくらべると、沖縄のカブトムシ（右）は角が短く、体が小さい。

同じ場所にいろいろな生きものが集まっていることがあるよね。ちがう場所でくらしたほうがいいんじゃないの。

生きものの種類が多いほうが、生態系は安定しやすいんだ。生きものの種類が少ない生態系で、もし1種類の生きものがいなくなれば、別の種類の生きもののくらしにも影響が出る。でも、同じ生態系にたくさんの生きものがいれば、生きものどうしのかかわりあい方も複雑になり、1種類がいなくなっても、別の種類が同じような役割をはたすことで、バランスがたもたれるんだよ。

種の数が多い生態系（左）と、少ない生態系（右）。右の生態系では、カブトムシがいなくなると、タヌキの食べものがなくなってしまう。

いまどうなっているの？②

同じ場所で、生きものがくらしているのはどうして？

生きものの数がふえると、食べものがたくさん必要だよね。同じ場所にすむ生きものは、どうやって食べものを分けあっているの？

ひとつの生態系のなかで生きていける生きものの数は、食べものの量やすみかの広さで決まるよ。だから、食べものが同じ生きものどうしでは競争が起こり、競争に勝った生きものだけが生きのこることができるんだ。でも、食べものがちがえば、競争は起こらない。たとえば、肉食動物と草食動物は食べものがちがうし、草食動物のなかにも、木の葉を食べる種や草を食べる種などがいる。食べもののちがいがあるおかげで、同じ生態系のなかでいっしょにくらせるんだ。

キツネ

ノウサギ

アゲハチョウの幼虫

モンシロチョウの幼虫

キツネなどの肉食動物はノウサギやカエルなどを食べる。ノウサギは草を食べ、アゲハチョウの幼虫はミカンの葉を食べる。同じチョウでも、モンシロチョウの幼虫はキャベツの葉を食べる。草食動物のなかでも、食べもののちがいがある。

> テレビで、ライオンがシカをおそっているのを見たことがあるよ。どういう関係になっているの？

食べものになるのは、生きものだ。生きものたちは、「食べる・食べられる」の関係でつながっているよ。食べられる順番を例で見ると、植物→草食の昆虫→肉食の昆虫→カエルなど→ヘビや小さな動物→ワシや大型の肉食動物という関係になる。大型の肉食動物は食べられることはないけれど、死んだあとの体が微生物に分解されて、土にかえり、植物の栄養分になる。このように、生きものが食べたり、食べられたりして、ぐるりとつながっている関係を「食物連鎖」というんだよ。

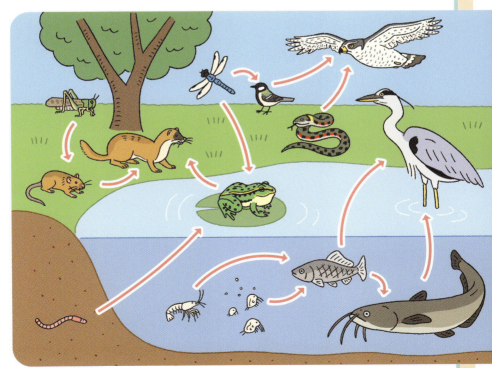

日本の野山の食物連鎖の例。それぞれの生きものが、どういう「食べる・食べられる」の関係になっているか考えてみよう。

いまどうなっているの？③

農業は、生きもののくらしにどんな影響をあたえているの？

農業は環境に影響をあたえるの？　生きものたちにはどうなの？

昔の農業は自然をうまく利用しながらおこなわれてきた。いま、一部の農業による環境汚染が問題になっているんだ。農地をふやすために森林を切りひらくことや、農薬や化学肥料を使うことが、生きもののくらしに大きな影響をあたえているよ。農薬は、農作物を食べる虫を殺すためのもので、収穫量を上げるために使われている。でも、一部の農薬は有害な成分が土の中にのこったり、川や海、地下水に流れこんだりして、ほかの生きものにも悪い影響をあたえることがあるんだ。日本で、メダカやコウノトリの数がへったのは、農薬が大きな原因のひとつと考えられているよ。

調べてみよう！　コウノトリ　減少　原因

もっと知りたい！

ミツバチがへると農作物が育たなくなる

多くの植物は、花のおしべで花粉をつくり、花粉をめしべにつけることで種子をつくり、子孫をのこす。世界の農作物の約75％は、花に集まる虫や鳥が花粉を運んでいる。そのなかでも、ミツバチの役割は大きい。国連食糧農業機関（FAO）によると、世界の農作物の3分の1は、ミツバチが花粉を運んでいるという。もしミツバチがいないと、世界は食料不足になるという予測もある。

イチゴの花から蜜を集めるミツバチ。

作物を育てる肥料は栄養分なんだよね。生きものにとって、肥料はだいじょうぶなの？

昔、農業の肥料には、落ち葉や動物のフンなどが使われていたよ。それらを土のなかのミミズや微生物が食べて、作物が育つために必要な栄養分をつくるんだ。いまは、化学肥料が使われることが多くなってきている。化学肥料は、人間が工場でつくった栄養分だ。直接、農作物に栄養分をあたえられるから便利なんだけれど、土に落ち葉などをまかなくなるから、食べものがなくなった微生物などの数がへってしまう。そうすると、土そのものの力がおとろえて、ずっと化学肥料をまきつづけなければならなくなるんだ。土のなかの生物多様性がうしなわれることになるんだね。

● 微生物などが栄養分をつくるしくみ

農薬と同じように、化学肥料が川や海に流れこんで、水のなかの生きものに悪い影響をあたえることもあるんだよ。化学肥料の場合は、植物プランクトンや藻類が、栄養分によって異常にふえてしまうんだ。そうすると、水中の酸素をたくさん使ってしまい、魚などほかの生きもののくらしに影響が出るんだよ。生態系がみだれてしまうんだね。

p.7

17

いまどうなっているの？④

漁業は、生きもののくらしにどんな影響をあたえているの？

昔より魚がとれなくなっているって聞いたんだけど……。

いま、海の生きものがすむ環境が大きくかわってきている。地球温暖化や環境破壊によって、海水の温度が上がったり、魚のえさやすみかがへったりしているんだ。そのせいで、魚の数がへってしまったり、とれる魚の種類がかわったりと、漁業に大きな影響をあたえている。魚がとれなくなる原因のひとつとして、人間が魚をとりすぎる「乱獲」もあるんだ。日本人にとって身近なウナギ（ニホンウナギ）やマグロの数がへっている原因のひとつは乱獲なんだよ。

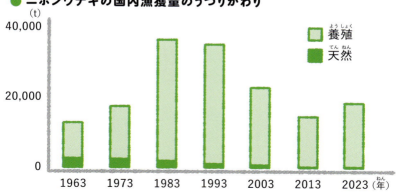

● ニホンウナギの国内漁獲量のうつりかわり

出典：「漁業・養殖業生産統計年報」（農林水産省）、「貿易統計」（財務省）をもとに作成

ウナギの漁獲量のほとんどは養殖ものがしめる。天然のニホンウナギの漁獲量は、1960年代前半には3000トン近くあったが、2023年には50トンほどにまでへってしまった。

魚のとりすぎは、どんな問題を起こしているの？

ほかにも乱獲によって、スケトウダラやアワビなどの数がへっているんだ。生きものの1種が絶滅する、つまり地球上からいなくなってしまうおそれもあるんだよ。法律などでつかまえることを禁止していても、こっそり魚をとる密漁をする人もあとをたたないんだ。

マグロ漁で混獲されたアカシュモクザメ。混獲される魚の量は多く、混獲が原因で絶滅するおそれがあるサメの種も多い。

本来とりたかった魚とは別の魚などがあみやしかけにかかってしまう「混獲」も問題になっている。混獲された魚は売りものにならないので、漁港で捨てられてしまうことが多いんだ。また、高級食材のフカヒレは、サメの尾ビレや背ビレだ。船でヒレだけ切りはなして、のこりの体を捨ててしまうこともある。これは動物愛護の点からも問題にされている。海に捨てられたあみも、プラスチックごみとして、生きものたちに悪い影響をあたえるよ。

4巻

19

いまどうなっているの？⑤

干潟がなくなると、どんな問題が起こるの？

干潟にはたくさんの鳥が集まっているけど、どうしてなの？

干潟は、川が海に流れこむところに、潮がひいたときにできる浜だから、干潟のどろには、森林からの栄養分がふくまれている。この栄養分がプランクトンや微生物を育て、それを食べるために貝やゴカイ、カニなどがすんでいるんだ。さらに、その貝などを食べるために、鳥が集まってくるんだよ。干潟では、豊かな生物多様性が見られるんだ。水鳥の重要な生息地として、ラムサール条約（🔑）で保護されているよ。

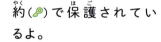

東京湾を代表する干潟のひとつである三番瀬。

👉 p.11

🔑 キーワード　ラムサール条約

水鳥などが休んだり、えさをとったりするのに大切な湿地をまもるため、1975年に成立した条約。世界の重要な湿地が登録されていて、日本では干潟や水田など53か所が登録されている。

20

干潟がへっているって聞いたよ。どういうことなの？

干潟や海岸を仕切って、水をぬき、農地などにすることを干拓というんだ。干拓によって、世界中で干潟の数が大きくへってしまったよ。干潟がなくなると、そこでくらしていた生きものたちのすみかとえさがなくなる。水鳥もやってこなくなる。また、干潟のどろのなかの微生物は、海をきれいにするはたらきをしているので、いなくなると海がよごれてしまう。干潟の生物多様性がうしなわれることによって、さらに多くの生きものに影響が出るんだ。

● アサリ類の漁獲量のうつりかわり

2022年は5,668トン。約40年前の10分の1に！

出典：「漁業・養殖業生産統計年報」（農林水産省）

1980年代には約16万トンあったアサリの漁獲量が、現在は10分の1になっている。干潟がへったことが、その大きな原因のひとつだ。

干潟がなくなることで、漁業など人間の活動にも影響が出るよ。日本では、アサリがとれなくなっただけでなく、ノリの養殖がうまくいかなかったり、海がよごれて、生きものがすめない場所ができたりしたよ。潮干狩りもできなくなってしまうね。

いまどうなっているの？⑥

人間が、生きものを持ちこむとどうなるの？

テレビで、池の水をぬいて、外来種をつかまえているのを見たよ。外国から持ちこまれた生きものは、どんな影響をあたえるの？

外来種は、外国など、本来の生息地ではない場所から、人によって持ちこまれる生きもののことなんだ。長い時間をかけて、生きものたちがうまくくらしていた場所に、いきなり入ってくるわけだ。外来種は、もとからいた生きものを食べたり、すみかをうばったりして、その場所の生態系のバランスをくずしてしまうことが多いんだ。生きものだけでなく、人間や農業、漁業にも悪い影響をあたえることがある。動物ではオオクチバスやアメリカザリガニ、植物ではセイヨウタンポポやハルジオンなど、身近なところでもさまざまな外来種がすみついているよ。

オオクチバス（ブラックバス）

1925年に持ちこまれた。釣った人が各地で放流し、日本全国に広まった。小さな魚などを食いあらすので、問題になっている。

セイヨウタンポポ

20世紀のはじめごろに、食用として持ちこまれたといわれている。いまでは、もともと日本にあったニホンタンポポよりも数をふやしているといわれている。

調べてみよう！　特定外来生物

外来種は、どのようにして日本にもちこまれるの？

外来種がもちこまれるルートは、おもに2つに分けられるよ。ひとつめは、食料用やペット用、人間に害のある生きものをつかまえさせるためなど、目的があって人間が持ちこんだものだ。そしてもうひとつは、船の荷物にまぎれたり、旅行者にくっついたりして、持ちこまれてしまうものなんだ。2017年に日本で問題となったヒアリも、船の荷物といっしょに持ちこまれてしまったよ。

外来種のマングース。毒ヘビのハブを退治させるため、沖縄県に持ちこまれたが、奄美大島では、貴重なアマミノクロウサギなどを食いあらしてしまった。2024年9月に、奄美大島からの根絶が宣言された。

国内で移動させても外来種になる

同じ国のなかでも、人間が生きものを別の場所に移動させれば、外来種になる。やはり生態系のバランスをみだすことが多い。いま北海道にいるカブトムシやイタチも、人間によって持ちこまれたものだ。また、世界自然遺産になった小笠原諸島には、島にしかいない固有の生きものがくらしている。観光客によって生きものが持ちこまれないように、荷物をチェックしたり、くつ底を洗ったりしている。

国内からの外来種であるイタチ（ホンドイタチ）。伊豆諸島の三宅島（東京都）では、マングースと同じように、もとから島にいた生きものを食いあらしてしまった。

いまどうなっているの？⑦

人間は、生きものを絶滅させているの？

人間がニホンオオカミを絶滅させてしまったと聞いたことがあるよ。人間が絶滅させるってどういうことなの？

恐竜が地球上からいなくなったように、生きものは、まわりの環境に合うように進化できないと、自然に絶滅していく。でも、人間の活動は、その絶滅するスピードを速めているんだよ。森林や海など、生きもののすむ自然環境をよごしたり、開発でへらしたりしている。二酸化炭素を出して、地球温暖化や気候変動を起こしているし、外来種の持ちこみや、乱獲なども、生きものたちの数を大きくへらしてしまうんだ。

ニホンオオカミ

人間が害獣としてつかまえたことや、伝染病で絶滅。

ブルーバック

毛皮や食料のために乱獲されて絶滅。

テイオウキツツキ

開発により生息地がへって絶滅。

スチーフンイワサザイ

人間が持ちこんだペットのネコに食べられて絶滅。

調べてみよう！　**人間が絶滅させた動物**

24

絶滅が心配されている生きものはどれくらいいるの？

世界的な生物多様性の研究機関である「IPBES」が2019年に発表したレポートによると、1970年から、人間の活動によって、陸地の75％、海の66％が大きくかえられ、湿地の85％以上が消えた。そして、地球上の動植物のうち約100万種が絶滅のおそれがあるというんだ。絶滅のおそれがある生きものの種を「絶滅危惧種」といって、レッドリストというデータにまとめられているよ。ワシントン条約（🔑）をむすんで、世界各国で絶滅危惧種を守ろうとしているけれど、なかなかうまく進んでいないんだ。

キーワード 🔑 ワシントン条約

1975年に成立した条約で、おもに、絶滅のおそれがある生きものの輸出や輸入をきびしく制限することを目的としている。ペットにするための希少な生きものや、毛皮、象牙（ゾウのキバ）などの取引が禁止されている。

気候変動が絶滅につながる

恐竜が絶滅したのは、隕石の衝突によって地球全体が寒くなったことが原因といわれている。気候変動は、生きもののくらす環境を大きくかえてしまうので、種の絶滅につながりやすい。気温や、海水温が上がることで、生態系がかわり、食べものやすみかもへってしまう。

海水温が上がり、白化したサンゴ。サンゴ礁にすむ多くの生きもののくらしに影響が出る。

25

いまどうなっているの？⑧

人間がつくった自然環境「里地里山」って何？

田んぼは人がつくったものなのに、なんでたくさんの生きものがいるの？

米をつくる田んぼには、浅く水がはられたところにはメダカやゲンゴロウ、水路やため池にはカエルやナマズ、田んぼを分けるうねにはタンポポやガマ、イナゴなど、さまざまな生きものがすんでいる。田んぼは、自然環境に人の手がほどよく加えられて、生きものがすみやすい、さまざまな環境が集まっている場所なんだ。田んぼや畑、ため池、原っぱなど、そのままの自然と人がくらす都市の中間にある環境を「里地里山」というよ。

水を張った田んぼ（水田）。

田んぼのイナゴ（上）とメダカ（下）。

生きものがたくさんいるなんて、人間のくらしと自然の環境が、うまくまざりあっているんだね。

里地里山は、長い時間をかけて、人々がつくりあげてきた自然環境なんだ。自然は人間に食べものや木材をあたえて、人間はその自然をだいじにしてきた。生物多様性がたもたれている点でも注目されているよ。日本では里地里山を、これからものこしていくべき自然環境のひとつとしているんだ。里地里山と同じように、海岸や干潟、海の沿岸部などを「里海」というよ。

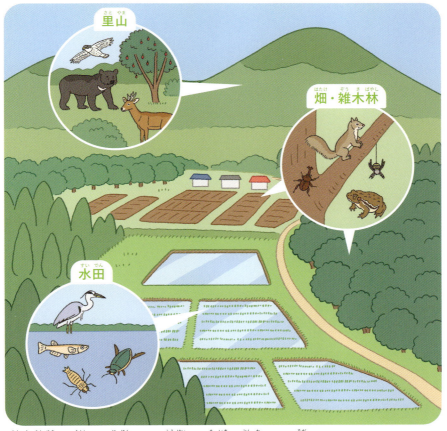

里地里山は、昔から日本にある風景で、地域の文化なども育ててきた。

いまどうなっているの？⑨

自然からのめぐみで、つくられているものは？

身のまわりのもので、食べもののほかに、自然の生きものを利用してつくっているものはあるの？

まわりを見てごらん。すぐにいろいろ見つかるよ。木でできた家具があるよね。紙も植物の繊維からできている。布の綿は綿花という植物だし、毛糸はヒツジの体の毛だ。薬の抗生物質はカビなどの微生物が出す物質が原料なんだ。トウモロコシなどの穀物からは、バイオエタノールという燃料もつくられているよ。

衣服に使うための毛を刈られるヒツジ。一度毛を刈りとっても、また生えてくる。

1巻

ほとんどのものが、自然からつくられているんだね。

生きものではないものもあわせて考えると、自然からつくられていないものは、何もないんだよ。金属は自然の岩石をとかしてつくられるし、レンガやセメントは土や石が原料だ。プラスチックは、人工的な物質だけれど、材料は石油、つまり昔の生きものの死がいが変化してできたものだ。

もっと知りたい！

自然の生きものから学んだしくみ

生きものの体のしくみや、形、生態をヒントにして開発された機械や道具がある。自然の生きものが進化するなかで身につけてきたテクノロジーには学ぶことが多い。

● 生きものの体のしくみをまねたテクノロジーの例

新幹線

面ファスナー（マジックテープ®）

すばやく飛ぶカワセミの頭の形をまねて、先頭車両を、空気の抵抗をおさえ、スピードが出るような形にした。

動物の体にからみついてくっつくゴボウの実をまねて、しっかりくっついて、すぐにはがせる面ファスナーが開発された。

※「マジックテープ®」は株式会社クラレの面ファスナーの登録商標です。

29

これからどうすればいいの？①

生きものがくらす環境をどのように守っているの？

人間の活動が、自然をこわして、生物多様性をうしなわせているのなら、自然をしっかり守らなくちゃ。

人間も、生物多様性のひとつなんだよ。もともと人間も自然のなかで、環境をこわすことなく、くらしていたんだけど、どんどん経済を発展させて、自然を破壊しているんだ。生物多様性を守るため、世界中で自然保護の取り組みがおこなわれているよ。国連教育科学文化機関（UNESCO）が登録する世界自然遺産も、そのひとつ。1992年には、地球サミットという世界のリーダーが参加する会議で、「生物多様性条約」をむすぶことが決められたよ。

貴重な原生林がのこる屋久島（鹿児島県）。世界自然遺産に登録されている。

30

人間と野生の生きものが、いっしょにくらすにはどうしたらいいの？

人間がくらす環境と、生きものがくらす環境を分けて管理する「ゾーニング」という考えがあるよ。動植物のすむ地域を保護して、人間がすむ市街地との中間の場所もつくり、野生動物が人里に下りてこないようにするんだ。

野生動物を保護するゾーン　　野生動物と人間が共存するゾーン　　人間の活動を優先するゾーン

ゾーニングの例。野生動物が十分な食料を食べられるように、植物を植えるなどする。

生物多様性条約では、10年ごとに目標を決めることにしている。最新の目標（昆明・モントリオール生物多様性枠組）では、「2030年までに、陸と海のそれぞれ30％以上を、国立公園のような保護・保全地域にする」とさだめられたよ。

自然への影響を考えた開発計画

道路や建物などをつくるために、自然を切りひらくことがある。その場合、開発が自然にどれくらいの影響をあたえるのか事前に調査する「環境アセスメント」をおこなうことが、法律で決められている。影響が大きい場合には、計画を見直さなければならない。

環境アセスメントの調査のようす。

> これからどうすればいいの？②

自然からのめぐみを、これからも受けるには？

ふだんのくらしでは、海でとれた食べものをたくさん食べているよね。だいじょうぶなのかな？

人間が自然からのめぐみを受けるためには、生物多様性を守り、生きものたちがうまくくらしていけるようにすることが大切なんだ。漁業による影響はP.18のとおりだけど、海の生きものの数を調べて、漁獲量を制限したり、これから大きくなる稚魚をとりすぎないようにする取り組みもおこなわれているよ。国際的にも、同じ海域で漁業をおこなう国どうしが、協力して漁獲量を管理している。また、マグロのように広い範囲を回遊する魚は、ことなる海域で漁業をおこなう国のあいだであっても、それぞれの漁獲量を決めることがあるよ。

● 漁獲量を決められている魚介類

魚の種類ごとに、とってもだいじょうぶな量「漁獲可能量（TAC）」をさだめる制度がある。日本では8種類の魚介類にTACが決められている。

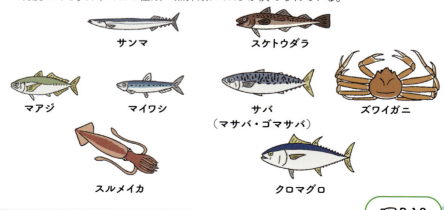

☞P.18

森を守りながら利用しつづけるにはどうしたらいいの？

森林の木を切りたおしても、森林は自分の力で再生することができる。だから、木の成長するスピードや、木の育つ環境などを考えながら利用していけば、ずっと森林の資源を利用しつづけることができるんだ。森林の開発をおさえるほかに、コンピュータを使用して森林を管理したり、計画的に木を植えたりして、森林の生態系を守る取り組みもふえているんだよ。

森林を利用した農業

木と農作物を同じ土地に植え、森林の力を利用しながらおこなう農業の方法のことを、森林農法（アグロフォレストリー）という。同じ土地で家畜を飼育することもある。高い木が作物の育ちやすい日かげをつくったり、落ち葉などが作物の肥料になったりするので、基本的に農薬や肥料は使わない。自然を守りながら、それぞれの力を利用しておこなえるので、注目されている。

ブラジルでのアグロフォレストリーのようす。

これからどうすればいいの？③
生物多様性を守るためにできることはあるの？

ふだんのくらしのなかで、自然を守るために何ができるのかな？

まずは、身のまわりの自然をよく知ることが大切だよ。雑木林や田んぼ、海岸や池にすむ生きものを観察したり、調べてみたりしてみよう。町のなかでも、自然のままの形をのこした公園などもある。そのあとは、自分のすんでいる地域でおこなわれている取り組みを調べてみよう。里地里山などでさまざまな取り組みに参加することで、自然とふれあうこともできるよ。

間伐材の利用
間伐材（大きな木を育てるために間引いた木）を利用した炭づくりのようす。

植生管理
ふえすぎた植物の刈りとりなどで、植物の多様性のバランスをたもつこと。

かいぼり
ため池の底のどろをさらい、きれいにたもつこと。

P.26

近所の池は生きものの種類が少ないから、生きものを放すのはどう？

もともとそこにいなかった生きものを放すと、外来種となり、その場所の生態系をこわすことが多いよ。人間が自然を管理することは大切なんだけれど、むやみに手を加えると、生態系に悪い影響をあたえてしまうこともあるんだ。生物多様性を守るということは、生きものにとってすみやすい環境を守ることが何よりだいじなんだよ。

● 生物多様性を守るためにやってはいけないこと

外から生きものをつれてくる。

野生動物にえさをやる。

動植物を勝手に持ち出す。

ごみや食べものを捨てる。

もっと知りたい！

税金をおさめることで自然を守る

日本では、2024年度から、森林環境税という税金が課せられるようになった。森林は、二酸化炭素を吸収したり、自然災害をふせいだり、水をためたりする。その森林を守り、整備するために、森林環境税は使われる。

これからどうすればいいの？④
ふだんの買いもので、できることはあるの？

商品にはいろいろなマークがついているよね。生物多様性にかかわっているマークはあるの？

商品にマークやラベルがつけられていると、買う人が自分の目で、原料や生産者、生産方法などをたしかめられるね。「こういう商品を買いたい」というときの手助けにもなるんだ。農産物や、海産物、紙製品、服など、いろいろな商品に、「生物多様性のことを考えています」というマークやラベルがつけられているよ。

有機JASマーク
農薬や化学肥料を使わない、有機（オーガニック）農法でつくられた農産物や加工品につけられる。

大分県臼杵市の郷土料理。臼杵市では、消費者、生産者、行政などが一体となって、地域全体で有機農業や地産地消を進めている。

海の水産物商品には、海の生きものや環境にやさしい漁業でとられていることを証明するMSC「海のエコラベル」があるよ。紙などの木からできた製品には、森林の環境などを考えてつくられた商品であることがわかるFSC®認証のラベルがあるんだ。

MSC「海のエコラベル」がついたたらこ。

MSC「海のエコラベル」
水産資源と環境に配慮し、適切に管理された漁業でとられた水産物につけられる。

FSC®認証
森林を守っていくために、材料から商品になるまで、環境や社会に配慮していることを認証する。

ほかに、生物多様性のため、ふだんのくらしでできることはあるの？

動植物のとりすぎのことを考えると、たとえば、食べものを必要なぶんだけ買うようにすることだ。使うものもむだ使いしないことだね。動植物のくらす環境のことを考えると、地球温暖化による気候変動をおさえるための行動が、自然環境を守ることにつながる。水をきれいにたもったり、むだ使いをおさえてごみを少なくすることもそうだね。このシリーズの、『①食料問題』『②水問題』『③気候変動』『④ごみ問題』のすべてが、生物多様性を守ることにつながっているんだ。
人間の活動が生物多様性をうしなわせているっていったけれど、人間の活動は生物多様性を守る力もある。一人ひとりが、身のまわりのことで、生きものとのつながりを考えることがだいじなんだよ。

あとがき

　地球上には、とてもたくさんの種類の動物や植物がいます。そして、人間は多様な生きものと深いつながりを持ちながらくらしています。生物の多様性が維持されないと、私たちの豊かな生活はたもてません。食料や衣服をはじめ、私たちの身のまわりの品物も、もともとは自然からつくられたものです。ところが、この本で紹介しているように、人間の活動が原因で豊かな生態系がこわされ、生物多様性がうしなわれています。気候変動や外来種による悪影響も指摘されています。農業や漁業や工業開発の仕方などを工夫して、環境を破壊しないように努めることが必要です。この機会に、生物多様性を守るために私たちに何ができるか、いっしょに考えましょう。

京都大学名誉教授 **松下和夫**

生物多様性 さくいん

あ行

アグロフォレストリー 33
FSC認証 37
MSC「海のエコラベル」 37

か行

かいぼり 34
外来種 22,23,24,35
化学肥料 16,17,36
環境アセスメント 31
キーストーン種 9
気候変動 24,25,37
漁業 18,21,22,37
漁獲可能量 32
混獲 19

さ行

里海 27
里地里山 26,27,31,34
消費者 7
植生管理 34
食物連鎖 8,9,10,15
進化 12,13,24,29
森林
.... 5,11,16,20,24,33,35,37
森林環境税 35
森林農法 33
生産者 7
生態系
.... 5,7,8,9,11,13,14,17,22,23,
25,33,35
生態系ピラミッド 8

生物多様性条約 30,31

絶滅 19,24,25
絶滅危惧種 25
ゾーニング 31

た行

TAC 32
地球温暖化 3,18,24,37
地産地消 36

な行

農業 16,17,22,33
農薬 16,17,33,36

は行

バイオマスエネルギー 28
干潟 20,21,27
プラスチックごみ 19
分解者 7

や行

有機JASマーク 36
有機農業 36

ら行

ラムサール条約 20
乱獲 18,19,24
レッドリスト 25

わ行

ワシントン条約 25

39

●**装丁・デザイン**
株式会社東京100ミリバールスタジオ

●**イラスト**
さはら そのこ

●**執筆協力**
山内 ススム

●**編集制作**
株式会社KANADEL

●**写真・図版協力**
PIXTA
アフロ
イオン株式会社（P.37）
一般社団法人MSCジャパン（P.37）
NPO法人　日本森林管理協議会（P.37）
NPO法人　森は海の恋人（P.11）
オキナワカブトムシ研究所（P.13）
株式会社テイコク（P.31）
クラレファスニング株式会社（P.29）
さいたま緑の森博物館（P.34）
認定NPO法人　生態工房（P.34）
農林水産省（P.36）

監修 松下 和夫

京都大学名誉教授。（公財）地球環境戦略研究機関
（IGES）シニアフェロー。環境庁（省）、OECD環境局、国
連地球サミット上級環境計画官、京都大学大学院地球環
境学堂教授（地球環境政策論）などを歴任。地球環境政
策の立案・研究に先駆的に関与し、気候変動政策・SDGs
などに関し積極的に提言。持続可能な発展論、環境ガバ
ナンス論、気候変動政策・生物多様性政策・地域環境政
策などを研究している。主な著書に「1.5℃の気候危機」
（2022年、文化科学高等研究院出版局）、「環境政策学の
すすめ」（2007年、丸善株式会社）、「環境ガバナンス」
（2002年、岩波書店）などがある。

おもな出典

「漁業・養殖業生産統計年報」農林水産省、「貿易統計」財
務省、「IPBES　生物多様性と生態系サービスに関する地
球規模評価報告書」IPBES など

いちからわかる環境問題⑤ **生物多様性**

2025年3月　第1刷発行

監　　修	松下 和夫	
発 行 者	佐藤 洋司	
発 行 所	さ・え・ら書房	
	〒162-0842　東京都新宿区市谷砂土原町3-1	
	TEL 03-3268-4261　FAX 03-3268-4262	
	https://www.saela.co.jp/	
印 刷 所	光陽メディア	
製 本 所	東京美術紙工	

ISBN978-4-378-02545-2　NDC519
Printed in Japan